Siva Kiran Kollimarla
R. Sai Kumar
Y. Ajay Kumar

Comportamento sísmico de edifícios com estrutura RC

Siva Kiran Kollimarla
R. Sai Kumar
Y. Ajay Kumar

Comportamento sísmico de edifícios com estrutura RC

Efeito do fator zona e do tipo de solo

ScienciaScripts

Imprint

Any brand names and product names mentioned in this book are subject to trademark, brand or patent protection and are trademarks or registered trademarks of their respective holders. The use of brand names, product names, common names, trade names, product descriptions etc. even without a particular marking in this work is in no way to be construed to mean that such names may be regarded as unrestricted in respect of trademark and brand protection legislation and could thus be used by anyone.

Cover image: www.ingimage.com

This book is a translation from the original published under ISBN 978-3-659-86970-9.

Publisher:
Sciencia Scripts
is a trademark of
Dodo Books Indian Ocean Ltd. and OmniScriptum S.R.L publishing group

120 High Road, East Finchley, London, N2 9ED, United Kingdom
Str. Armeneasca 28/1, office 1, Chisinau MD-2012, Republic of Moldova, Europe
Printed at: see last page
ISBN: 978-620-7-79743-1

RESUMO

Os edifícios que não cumprem os requisitos de conceção sísmica podem sofrer danos extensos ou colapsar se forem abalados por um movimento severo do solo. A avaliação sísmica reflecte a capacidade sísmica de edifícios vulneráveis a sismos para utilização futura. Por conseguinte, é necessário estudar a variação do comportamento sísmico de um edifício RC de vários andares em termos de várias respostas, tais como deflexões, deriva de andares, força de andares, corte de andares e corte de base.

A análise dinâmica deve ser efectuada para obter a força sísmica lateral de projeto (cisalhamento de base) e a sua distribuição em diferentes níveis ao longo da altura do edifício. Esta análise pode ser efectuada para edifícios regulares e irregulares.

A análise dinâmica pode ser efectuada através do método do espetro de resposta ou do método do historial de tempo. A análise do espetro de resposta (RSA) é um método de análise estatística dinâmica que mede a contribuição de cada modo natural de vibração para indicar a resposta sísmica máxima provável de uma estrutura essencialmente elástica. A análise do espetro de resposta fornece o comportamento do edifício medindo a aceleração, a velocidade ou o deslocamento em função do período estrutural para um determinado período de tempo.

A resposta de uma estrutura a forças induzidas por sismos é um fenómeno dinâmico que depende das características dinâmicas das estruturas e da intensidade, duração e conteúdo de frequência do movimento de saída do solo. Embora a ação sísmica seja de natureza dinâmica, a análise dinâmica é superior na reflexão da resposta sísmica com maior precisão, quando utilizada corretamente.

Neste contexto, tenta-se estudar a resposta sísmica de um edifício hospitalar G+5 utilizando uma abordagem de análise dinâmica linear no software ETABS, de acordo com a norma IS 1893:2002(Part-l). O comportamento dinâmico do edifício com estrutura em R.C. com o efeito de diferentes factores de zona sísmica para diferentes condições de solo é apresentado neste estudo.

Observa-se que o deslocamento da cobertura e o cisalhamento da base do edifício aumentam com o aumento do fator de zona para um determinado tipo de solo. Também se verifica que os parâmetros aumentam em cada zona com o aumento da flexibilidade do solo (i.e. duro-macio).

ÍNDICE DE CONTEÚDOS:

CAPÍTULO 1
INTRODUÇÃO

1.1 Geral

O problema dos danos estruturais devidos a fortes tremores de terra durante um sismo tem sido enfrentado pela sociedade desde a evolução dos materiais de construção no domínio das infra-estruturas. Muitos avanços e estudos de engenharia chegaram no passado recente para avaliar a vulnerabilidade sísmica de uma estrutura e estimar a sua resposta ao movimento de terra mais forte anterior. No entanto, a natureza tem sempre a vantagem sobre as aplicações de engenharia.

Tendo em conta a resposta estrutural aos sismos, normalmente as estruturas respondem vigorosamente quando o período natural da estrutura coincide com o período de propagação das ondas do sismo. Este fenómeno é conhecido como ressonância. No estado de ressonância, as respostas estruturais são amplificadas e podem estar sujeitas a falhas estruturais. No caso de estruturas altas com um período de vibração mais elevado, os sismos de baixa frequência causam mais danos do que os movimentos de terra de alta frequência, enquanto que para edifícios baixos, os sismos de alta frequência podem ser mais desastrosos.

Todos os anos, em todo o mundo, ocorre um número incontável de movimentos de terra sob a superfície, com diferentes magnitudes, que vão de zero a doze na escala de Richter, devido ao movimento das placas tectónicas. Apenas alguns deles são sentidos à superfície (geralmente com magnitude superior a cinco na escala de Richter). Por vezes, os sismos de baixa magnitude têm valores de aceleração máxima do solo (PGA) mais elevados do que os sismos de maior magnitude devido às condições do subsolo.

Um dos problemas centrais da sismologia de engenharia é o cálculo do comportamento de uma estrutura sujeita a um determinado movimento do solo. Uma solução exacta deste problema em dinâmica transiente raramente é possível devido à grande complexidade dos movimentos de terra associados aos sismos e à natureza complicada de muitas das estruturas de interesse para o engenheiro. Uma das tentativas para simplificar este problema envolveu a introdução deste projeto. Na perspetiva dos engenheiros de estruturas, a engenharia sísmica pode ser amplamente dividida em três áreas, nomeadamente, sismologia (incluindo efeitos no solo), análise sísmica e projeto sísmico.

No contexto da análise sísmica e do projeto de estruturas, existe uma variedade de métodos disponíveis para a análise sísmica de estruturas. Neste projeto, procurou-se apresentar os métodos de análise sísmica de acordo com a norma indiana IS 1893:2002 (Parte 1).

Para a análise do histórico de resposta, são necessários dados de sismos anteriores, dependendo da natureza da análise que está a ser efectuada. A forma mais comum de descrever um movimento do solo de um sismo é um registo do histórico de tempo. O histórico de tempo é um registo de tempo versus valores de aceleração no respetivo momento. Os registos também podem ser de velocidade ou deslocamento. Geralmente, a quantidade diretamente medida é a aceleração e os outros parâmetros são as quantidades derivadas.

Um terramoto é um tremor ou movimento súbito da crosta terrestre, que tem origem natural na superfície ou abaixo dela. A palavra natural é importante neste contexto, uma vez que exclui as ondas de choque causadas por ensaios nucleares, explosões provocadas pelo homem, etc. Cerca de 90% de todos os sismos resultam de eventos tectónicos, principalmente movimentos nas falhas. Os restantes estão relacionados com o vulcanismo, o colapso de cavidades subterrâneas ou efeitos provocados pelo homem. Os sismos tectónicos são desencadeados quando a tensão acumulada excede a resistência ao cisalhamento das rochas. O termo sismo pode ser utilizado para descrever qualquer tipo de acontecimento sísmico, natural ou provocado pelo homem, que gera ondas sísmicas. Os sismos são geralmente causados pela rutura de falhas geológicas, mas também podem ser desencadeados por outros acontecimentos, como a atividade vulcânica, a explosão de minas, os deslizamentos de terras e os ensaios nucleares. Uma libertação abrupta de energia na crosta terrestre que cria ondas sísmicas resulta no que se designa por terramoto, também conhecido por tremor, abalo ou temor.

A frequência, o tipo e a magnitude dos sismos registados durante um período de tempo definem a sismicidade (atividade sísmica) dessa área. As observações de um sismómetro são utilizadas para medir o sismo. Os sismos superiores a cerca de 5 são, na sua maioria, comunicados na escala de magnitude do momento. Os sismos de magnitude inferior a 5, que são em maior número, tal como comunicados pelos observatórios sismológicos nacionais, são medidos principalmente na escala de magnitude local, também conhecida como escala de Richter. De acordo com o mapa de zonas sísmicas da norma IS-1893-2002, a região é a menos provável para a ocorrência de sismos. Atualmente, os métodos de avaliação sísmica de estruturas com deficiências sísmicas ou danificadas por sismos ainda não estão totalmente desenvolvidos. Um olhar atento ao espetro de resposta da norma IS 1893 indicará que as estruturas de curto período (estruturas com menor altura) estão sujeitas a uma grande quantidade de força sísmica. Apesar deste facto, a maioria dos engenheiros de projeto ignora a gravidade do problema, sujeitando os ocupantes a um nível de risco mais elevado durante os sismos. Os edifícios que não cumprem os requisitos de conceção sísmica podem sofrer danos consideráveis ou colapsar se forem abalados por um movimento sísmico grave. A avaliação sísmica reflecte a capacidade sísmica dos edifícios vulneráveis a sismos para utilização futura. De acordo com o Mapa de Zonas Sísmicas da IS: 1893-2002, a Índia está dividida em quatro zonas com base nas actividades sísmicas. São elas a Zona II, a Zona III, a Zona IV e a Zona V.

A segurança estrutural contra grandes sismos está relacionada com a conceção estrutural de edifícios para cargas sísmicas. O comportamento da carga é diferente da carga de vento e da carga gravitacional, o que exige uma análise pormenorizada para atingir o intervalo elástico aceitável. Na análise dinâmica, é atribuído o modelo matemático do edifício através da determinação da resistência, da rigidez, da massa e das propriedades inelásticas dos elementos. A análise dinâmica deve ser efectuada para edifícios simétricos e assimétricos. Devido à secção assimétrica do edifício, o principal parâmetro a ser considerado é o binário. Os engenheiros de estruturas realizam análises tanto para edifícios regulares como irregulares. Na análise dinâmica, o modelo matemático do edifício é desenvolvido e a determinação da resistência, inelástica O principal objetivo é sensibilizar para o efeito dinâmico no edifício de uma forma simples com a ajuda do ETAB, mostrando também uma melhor resposta do edifício sob carga dinâmica e minimizando o risco de vida para todas as estruturas.

Fig-1 zonas sísmicas na Índia

1.2 Introdução ao ETABS

O ETABS é uma análise tridimensional alargada do sistema de construção. O ETABS é um sistema completamente integrado. Sob a interface de utilizador simples e intuitiva, encontram-se métodos numéricos muito poderosos, procedimentos de dimensionamento e códigos de dimensionamento internacionais, todos funcionando a partir de uma única base de dados abrangente. Esta integração significa que se cria apenas um modelo dos sistemas de pavimentos e dos sistemas de pórticos verticais e laterais para analisar, projetar e pormenorizar todo o edifício. Tudo o que é necessário está integrado num pacote versátil de análise e dimensionamento com uma interface gráfica de utilizador baseada em Windows. Não são necessários módulos externos. Os efeitos numa parte da estrutura resultantes de alterações noutra parte são instantâneos e automáticos. Os componentes integrados incluem:

O ETABS é um programa de análise e projeto sofisticado, mas fácil de utilizar, desenvolvido especificamente para sistemas de construção. O ETABS possui uma interface gráfica intuitiva e poderosa, juntamente com procedimentos inigualáveis de modelação, análise, projeto e pormenorização, todos integrados através de uma base de dados comum. Embora rápido e fácil para estruturas simples, o ETABS também pode lidar com os modelos de edifícios maiores e mais complexos, incluindo uma ampla gama de comportamentos não lineares necessários para o projeto baseado no desempenho, tornando-o a ferramenta de escolha para engenheiros estruturais na indústria da construção

A lista que se segue representa apenas uma parte dos tipos de sistemas e análises que o ETABS pode tratar facilmente:

- Edifícios comerciais, governamentais e de cuidados de saúde de vários andares
- Parques de estacionamento com rampas circulares e lineares
- Edifícios com vigas, paredes e bordos de pavimento curvos
- Edifícios com estrutura de pavimento em aço, betão, compósito ou vigas
- Projectos com várias torres
- Paredes e núcleos de cisalhamento complexos com aberturas arbitrárias
- Conceção baseada no desempenho utilizando a análise dinâmica não linear
- Edifícios baseados em sistemas de grelhas múltiplas rectangulares e/ou cilíndricas
- Edifícios sujeitos a qualquer número de casos e combinações de cargas verticais e laterais, incluindo cargas sísmicas e de vento automatizadas
- Casos de carga com espetro de resposta múltiplo, com curvas de entrada incorporadas
- Transferência automatizada de cargas verticais em pavimentos para vigas e paredes
- Verificação da capacidade das ligações metálicas viga-pilar e viga-viga
- Deformações explícitas na zona do painel

- Fundação/assentamento de apoio

- Análise de grandes deslocamentos

- Otimização do projeto para estruturas de aço e betão

- Verificação da capacidade de projeto de chapas de base de pilares de aço

CAPÍTULO 2
REVISÃO DA LITERATURA

Baldev D. Prajapati estudou o procedimento de análise e de conceção adotado para o cálculo de um edifício simétrico de vários andares (G+5) de grande altura sob o efeito de forças EQ. Considera-se que o edifício R.C.C. resiste ao sistema de resistência às forças laterais.

Wakchaure M.R investigou o estudo do efeito das paredes de alvenaria em edifícios altos. A análise dinâmica linear é efectuada em edifícios altos com diferentes disposições. A análise é efectuada num edifício com estrutura G+5 R.C.C.. A análise dinâmica é aplicada aos modelos. A análise é efectuada pelo software ETABS. O cisalhamento de base, o deslocamento do andar, a deriva do andar são calculados e todos os modelos são comparados.

Kasliwal Sagar.K investigou no presente trabalho dois edifícios de vários andares G+5 andares que foram modelados utilizando o pacote de software ETABS para a zona sísmica III na Índia. O artigo também aborda o método do espetro de resposta linear dinâmico. A análise é efectuada num edifício de paredes de cisalhamento de vários andares com variação do número e da posição das paredes de cisalhamento. O autor concluiu que as paredes de cisalhamento são um dos elementos de construção mais eficazes para resistir às forças laterais durante o terramoto. A parede de cisalhamento na posição correcta pode minimizar o efeito e os danos causados pelo terramoto.

Mayuri D. Bhagwat estudou a análise dinâmica de um edifício G+5 de RCC com vários andares, tendo em conta o terramoto de Koyna e Bhuj. A análise do espetro de resposta e as respostas sísmicas deste tipo de edifício são estudadas comparativamente. A modelação é efectuada com a ajuda do software ETABS. Foram utilizadas duas histórias temporais (ou seja, Koyna e Bhuj) para desenvolver diferentes critérios aceitáveis (cisalhamento de base, deslocamento de andares, deriva de andares).

Mohammed Rizwan Sultan, D. Gouse Peera estudaram o comportamento da estrutura em zona sísmica elevada e também avaliaram o momento de derrube do piso, a deriva do piso, o deslocamento, as forças laterais de projeto, etc. Para este efeito, foram utilizados para comparação 15 edifícios de 15 andares de altura com quatro formas totalmente diferentes: retangular, em L, em H e em C. Os modelos completos foram analisados com a ajuda do ETABS SOFTWARE. No presente estudo, a análise dinâmica comparativa para os quatro casos foi efectuada para avaliar a deformação da estrutura.

Balaji &SelvarasanM.E estudaram um edifício residencial de G+13 andares. O edifício foi analisado para cargas sísmicas utilizando o ETABS. Partindo do princípio de que as propriedades dos materiais são lineares, foram efectuadas análises estáticas e dinâmicas. Estas análises não lineares foram efectuadas considerando zonas sísmicas severas e o comportamento foi avaliado tendo em conta as condições do solo do tipo II. Foram calculadas diferentes respostas, como o deslocamento e o corte na base, e observou-se que o deslocamento aumentava com a altura do edifício.

O estudo do **Dr. S.Suresh Babu (2015)**, que efectuou análises estáticas lineares e análises dinâmicas em edifícios de vários andares com irregularidades na planta para a determinação de forças laterais, cisalhamento de base, deriva de andares, cisalhamento de andares, também aborda o efeito da variação da planta do edifício na resposta estrutural do edifício. Respostas dinâmicas sob um sismo proeminente, relacionadas com a norma IS 1893-2002 (parte).

Bagheri Krishna, Ehsan (2013) neste artigo avaliam a percentagem de danos de um edifício irregular quando analisado por análise estática e dinâmica. As exigências de deslocamento do modelo foram obtidas, usando estática equivalente, histórico de tempo e análise de espetro de resposta. Os acelerógrafos registados ELCENTRO e CHI-CHI são utilizados para realizar a análise do histórico temporal do edifício. Finalmente, foi efectuada uma análise de empuxo para estimar as capacidades de deslocamento do edifício. Como resultado, o nível de danos foi obtido para o edifício, com base em cada um dos métodos de análise, e depois os resultados foram comparados entre si.

Md.Kabir, Debasish Sen,(2015) O objetivo deste artigo é avaliar a vulnerabilidade sísmica e a resposta de edifícios de vários andares de forma regular e irregular com peso idêntico no contexto do Bangladesh. Foi efectuada uma análise estática e dinâmica (espetro de resposta) para estudar a influência da forma de um edifício na sua resposta a várias cargas. Foram modelados edifícios de 15 andares de forma regular (retangular, em forma de C e em forma de L) e de forma irregular (combinação de retangular, em forma de C e em forma de L) utilizando o programa ETABS 9.6 para Dhaka (zona sísmica 2), Bangladesh.

Bahador, Salimi Firoozabad e Mohammadreza (2012-11-27) O objetivo deste artigo é estudar a análise estática e dinâmica de um edifício irregular de vários andares e obter o deslocamento dos andares através da aplicação de diferentes métodos de análise estática e dinâmica afectados pela coluna flutuante. Um pórtico 2D de quatro andares e dois vãos com e sem pilar flutuante é analisado para cargas estáticas utilizando o atual código FEM e o software comercial ETABS

Dr. Savita Maru (2014) A análise e o projeto de edifícios para forças estáticas é um assunto rotineiro nos dias de hoje devido à disponibilidade de computadores acessíveis e programas especializados que são utilizados para a análise. Por outro lado, a análise dinâmica é um processo moroso e requer dados adicionais relacionados com a massa da estrutura, bem como uma compreensão da dinâmica estrutural para a interpretação dos resultados analíticos. Os edifícios com estrutura de betão armado (RC) são o tipo de construção mais comum na Índia urbana, estando sujeitos a vários tipos de forças durante a sua vida útil, tais como forças estáticas devidas a cargas mortas e vivas e forças dinâmicas devidas ao vento e ao sismo. Neste caso, os trabalhos actuais (problema adotado) incidem sobre um edifício regular de G+30 andares. Estes edifícios têm uma área de planta de 25m x 45m com uma altura de piso de 3,6m cada e a profundidade da fundação é de 2,4 m. E a altura total do edifício escolhido, incluindo a profundidade da fundação, é de 114 m. A análise estática e dinâmica foi feita em computador com a ajuda do software STAAD-Pro utilizando os parâmetros para o projeto de acordo com a IS-1893- 2002-Parte-1 para as zonas 2 e 3 e o resultado do pós-processamento obtido foi resumido.

T.Mahdi (2012) Neste artigo, é avaliado o comportamento sísmico de três pórticos espaciais intermédios de betão com planta assimétrica em cinco, sete e dez andares. Em cada um destes três casos, as configurações de planta da estrutura contêm cantos reentrantes. Foram utilizados procedimentos estáticos não lineares e dinâmicos lineares para analisar estas estruturas. Para medir a precisão destes dois métodos, foi utilizada a análise dinâmica não linear. Embora as diferenças entre os resultados destes dois métodos com o procedimento dinâmico não linear sejam bastante grandes, a análise dinâmica linear apresentou resultados ligeiramente melhores do que a análise estática não linear.

V.K.R.Kodur, M.A.Erki e J.H.P.Quenneville consideraram para análise um modelo de edifício com estrutura RC de três pisos. Estes pórticos RC foram analisados em três casos: i) pórtico simples; ii) pórtico com enchimento; iii) pórtico com enchimento e aberturas. Com base nos resultados da análise, verificou-se que o corte de base da estrutura com enchimento é superior ao da estrutura com aberturas e da estrutura nua. O período de tempo da estrutura com enchimento é menor do que o da estrutura com aberturas e da estrutura nua. A frequência natural da estrutura com enchimento é superior à da estrutura com aberturas e à da estrutura nua.

Metin Kose [3] estudou diferentes modelos de pórticos RC: pórtico simples, pórtico sem primeiro andar aberto e pórtico com primeiro andar aberto. Com base nos resultados obtidos a partir de diferentes modelos computacionais, verificou-se que o número de pisos (altura do edifício) era o principal parâmetro que afectava o período fundamental do edifício. O período fundamental da estrutura sem o primeiro andar aberto é inferior ao da estrutura com o primeiro andar aberto e ao da estrutura nua.

Jaswant N. Arlekar, Sudhir K. Jain e C.V.R.Murty analisaram os diferentes modelos de edifícios que incluem edifícios com paredes de alvenaria em todos os pisos, edifícios sem paredes no primeiro piso e modelos de edifícios com estrutura nua. A análise estática e dinâmica dos modelos de edifícios foi efectuada utilizando o software ETABS. Verificou-se que o período natural do edifício, obtido através da análise ETABS, não coincide com o período natural obtido a partir da expressão empírica do código IS 1893-1984. O período natural da estrutura preenchida é menor do que o da estrutura macia do primeiro andar e dos modelos de estrutura nua. Também a partir da análise concluíram que os edifícios de estrutura RC com pisos macios têm um desempenho fraco durante os fortes abalos sísmicos. A deriva e as exigências de resistência na coluna do primeiro andar são muito grandes para edifícios com primeiro andar macio.

P.M. Pardhan, P.L. Pardhan e R.K. Maske salientaram a necessidade de conhecimento sobre pórticos parcialmente preenchidos e a ação composta e também resumiram os resultados obtidos até à data por vários investigadores sobre o comportamento de pórticos parcialmente preenchidos sob carga lateral. O enchimento contribui para o reforço do pórtico e foi referido que os enchimentos podem aumentar a rigidez do pórtico entre 4 e 20 vezes (referindo-se a vários textos da literatura).

B.Srinivas e B.K.Raghu Prasad discutiram o efeito das paredes de alvenaria de enchimento no comportamento dinâmico da estrutura. Foram seleccionados e projectados modelos de uma estrutura de alvenaria RC de cinco pisos, de uma estrutura macia de primeiro piso e de uma estrutura nua, de acordo com as disposições do código IS 1893. Foi utilizada uma abordagem de suporte diagonal equivalente para modelar os painéis de enchimento de alvenaria. Foi efectuada uma análise estática não linear e uma análise dinâmica não linear para estudar o comportamento de resposta do edifício. Os resultados mostraram que a presença de painéis de enchimento reduz a deflexão lateral e aumenta a resistência global da estrutura. A deriva do piso diminui devido à presença de paredes de alvenaria de enchimento na estrutura preenchida, mas a deriva do piso macio é significativamente grande. No entanto, estes efeitos não se revelaram significativos no modelo de pórtico simples.

Mulgund G.V estudou o desempenho sísmico de uma estrutura nua e de estruturas com várias disposições de enchimento de alvenaria e foi utilizada uma análise pushover estática não linear para determinar a resposta sísmica da estrutura utilizando o software ETABS.

P.G.Asteris estudou a influência do painel de alvenaria de tijolo no comportamento de pórticos preenchidos sujeitos a cargas no plano, utilizando o método dos pontos de contacto para a análise.

Diptesh Das e C.V.R.Murty estudaram o efeito dos enchimentos de tijolo no desempenho sísmico de edifícios RC utilizando uma análise pushover não linear.

AnirudhGottala, Kintali Sai Nanda et al (2015) efectuaram um estudo comparativo da análise sísmica estática e dinâmica de um edifício de vários andares. Foi selecionada uma estrutura emoldurada de vários andares de padrão (G+9). A análise sísmica linear é efectuada para o edifício pelo método estático (Método do coeficiente sísmico) e pelo método dinâmico (Método do espetro de resposta) utilizando o STAAD-Pro de acordo com a norma IS-1893-2002-Part-1. É efectuada uma comparação entre as análises estática e dinâmica, os resultados como o momento fletor, os deslocamentos nodais, as formas próprias são observados, comparados e resumidos para vigas, pilares e estrutura como um todo durante ambas as análises.

Srikanth e V. Ramesh (2013) estudam comparativamente a resposta sísmica para os métodos do coeficiente sísmico e do espetro de resposta. Nesta tese, é estudada a resposta sísmica de um edifício simétrico de vários andares através de dois métodos. Os métodos incluem o método do coeficiente sísmico recomendado pelo Código IS e a análise modal utilizando o método do espetro de resposta do Código IS, no qual a matriz de rigidez do edifício correspondente aos graus de liberdade dinâmicos é gerada idealizando o edifício como um edifício de corte. As respostas obtidas pelos métodos acima referidos em duas zonas extremas, tal como mencionado no código IS, ou seja, zona II e V, são então comparadas. Os resultados dos ensaios de cisalhamento de base, forças laterais e momentos de piso são comparados.

Mohit Sharma e Dr. Savita Maru (2014) estudaram a análise dinâmica de um edifício regular de vários andares G+30. Estes edifícios têm uma área de planta de 25m x 45m com uma altura de piso de 3,6m cada e a profundidade da fundação é de 2,4 m. E a altura total do edifício escolhido, incluindo a profundidade da fundação, é de 114 m. A análise estática e dinâmica foi efectuada em computador com a ajuda do software STAAD-Pro utilizando os parâmetros para o projeto de acordo com a IS-1893- 2002- Parte-1 para as zonas II e III e o resultado do pós-processamento obtido foi resumido.

Sayed Mahmoud e Waleed Abdallah Saudi Arabia (2014) efectuaram uma investigação sobre a análise da resposta de edifícios RC de vários andares sob cargas estáticas e dinâmicas equivalentes de acordo com o código egípcio. O objetivo desta investigação é avaliar o desempenho sísmico de um edifício residencial de paredes de cisalhamento existente localizado no Cairo. Os métodos do espetro de resposta dinâmica (RS) e da força estática equivalente (ESF) são utilizados na análise sísmica. A curva RS de projeto sugerida pelo Código Egípcio (CE) para o projeto sísmico é utilizada para realizar a análise dinâmica. A análise da resposta do edifício sob as cargas sísmicas actuantes foi realizada utilizando o ETABS, um software universal de análise de elementos finitos para análise dinâmica. Os resultados do estudo mostram diferenças significativas nas respostas do edifício obtidas utilizando os métodos de análise ESF e RS. Verificou-se que a aplicação do método estático numa determinada direção resulta em respostas na mesma direção. No entanto, a aplicação do método dinâmico RS induz respostas em ambas as direcções, independentemente da direção do carregamento.

Sr. S.Mahesh, Sr. Dr.B.Panduranga Rao et al (2014). O comportamento de um edifício de vários andares G+1 1 de configuração regular e irregular sob um tremor de terra é complexo e assume-se que as cargas de vento actuam simultaneamente com as cargas sísmicas. Neste artigo, é estudado um edifício residencial de vários andares G+ll para terramotos e cargas de vento utilizando o ETABS e o STAAD PRO V8i. Assumindo que a propriedade do material é linear, são efectuadas análises estáticas e dinâmicas. Estas análises são efectuadas considerando diferentes zonas sísmicas e, para cada zona, o comportamento é avaliado considerando três tipos diferentes de solos: duro, médio e macio. Diferentes respostas, como a deriva de andares, deslocamentos e cisalhamento de base, são traçadas para diferentes zonas e diferentes tipos de solos.

Mahesh N. Patil, Yogesh N. Sonawane et al (2015) Neste artigo, a resposta sísmica de um edifício simétrico de vários andares é estudada por cálculo manual e com a ajuda do software ETABS 9.7.1. O método inclui o método do coeficiente sísmico recomendado pela norma IS 1893:2002. As respostas obtidas por análise manual e por computação eletrónica são comparadas. Este documento fornece um guia completo para a análise manual e por software do método do coeficiente sísmico.

Mohammed yousuf, P.M. shimpale et al (2013) O principal objetivo da engenharia sísmica é conceber e construir uma estrutura de forma a minimizar os danos na estrutura e nos seus componentes estruturais durante um sismo. Este artigo visa a análise dinâmica de edifícios de betão armado com irregularidades na planta. Quatro modelos de edifícios G+5 com uma planta simétrica e as restantes com plantas irregulares foram utilizados para a investigação. A análise do edifício de betão armado é efectuada com o software ETABS 9.5. A estimativa da resposta, como as forças laterais, o corte na base, a deriva dos andares e o corte dos andares, é efectuada. São consideradas quatro variações da secção transversal dos pilares para estudar a eficácia da resistência às forças laterais. O artigo também aborda o efeito da variação da planta do edifício na resposta estrutural do edifício. Foram efectuadas respostas dinâmicas sob um sismo proeminente, de acordo com a norma IS 1893-2002(partl). Na análise dinâmica, é utilizado o método do espetro de resposta. O método CQC (combinação quadrática completa) também foi empregue para cada modelo para estimar a resposta dinâmica para 5%, 10%, 15% e 20% de amortecimento e as respostas dinâmicas foram comparadas.

Ni Win, Kyaw Lin HtaT et al (2014)Este artigo apresenta um estudo comparativo da análise estática e dinâmica de um edifício irregular de betão armado devido a um sismo. No presente estudo, a análise assistida por computador de um edifício de doze andares em betão armado é realizada para análise estática e dinâmica utilizando o software ETABS (Extended Three dimensional Analysis of Building System). A consideração das cargas é baseada no Código de Construção Uniforme (UBC- 1997). A estrutura foi projectada de acordo com o código de projeto do American Concrete Institute (ACI-318-99). Em primeiro lugar, o edifício proposto é analisado em termos estáticos. Em segundo lugar, é utilizada a análise dinâmica com o método do espetro de resposta. Neste documento, são comparados os resultados da análise estática e dinâmica (espetro de resposta), tais como o deslocamento, o corte do piso, o momento do piso e a deriva do piso.

CAPÍTULO 3
MÉTODOS DE ANÁLISE SÍSMICA

Seguem-se os diferentes métodos de análise sísmica. São eles

- Análise estática equivalente
- Análise dinâmica
    - Análise dinâmica linear
    - Análise do espetro de resposta
    - Análise do histórico de tempo

3.1 ANÁLISE ESTÁTICA EQUIVALENTE

Esta abordagem define uma série de forças que actuam num edifício para representar o efeito do movimento sísmico do solo, tipicamente definido por um espetro de resposta de projeto sísmico. Assume-se que o edifício responde no seu modo fundamental. Para que isto seja verdade, o edifício deve ser de baixa altura e não deve torcer significativamente quando o solo se move. A resposta é lida a partir do espetro de resposta de projeto, dada a frequência natural do edifício. A aplicabilidade deste método é alargada em muitos códigos de construção através da aplicação de factores para ter em conta edifícios mais altos com alguns modos mais elevados e para baixos níveis de torção. Para ter em conta os efeitos devidos à cedência da estrutura, muitos códigos aplicam factores de modificação que reduzem as forças de projeto.

3.2 ANÁLISE DINÂMICA LINEAR

Os procedimentos estáticos são adequados quando os efeitos dos modos superiores não são significativos. Isto é geralmente verdade para edifícios curtos e regulares. Por conseguinte, para edifícios altos, edifícios com irregularidades de tração ou sistemas não ortogonais, é necessário um procedimento dinâmico. A entrada sísmica é modelada utilizando a análise dos espectros modais ou a análise do historial temporal, mas em ambos os casos as forças internas correspondentes e os deslocamentos são determinados utilizando a análise elástica linear. A vantagem destes procedimentos dinâmicos lineares em relação aos procedimentos estáticos lineares é que podem ser considerados modos mais elevados.

Na análise dinâmica linear, a resposta da estrutura ao movimento do solo é calculada no domínio do tempo e, por conseguinte, toda a informação de fase é mantida, sendo apenas assumidas as propriedades lineares. O método analítico pode utilizar a decomposição modal como um meio de reduzir os graus de liberdade na análise.

3.3 ANÁLISE DO ESPECTRO DE RESPOSTA

Esta abordagem permite que os múltiplos modos de resposta de um edifício sejam tidos em conta (no domínio da frequência). Isto é exigido em muitos códigos de construção para todos, exceto para estruturas muito simples ou muito complexas. A resposta de uma estrutura pode ser definida como uma combinação de muitas formas especiais (modos) que, numa corda vibrante, correspondem aos harmónicos. A análise informática pode ser utilizada para determinar estes modos para uma estrutura. Para cada modo, uma resposta é lida a partir do espetro de projeto, com base na massa modal, e são depois combinadas para fornecer uma estimativa da resposta total da estrutura. Neste caso, temos de calcular a magnitude das forças em todas as direcções, ou seja, X, Y e Z, e depois ver os efeitos no edifício. Os métodos de combinação incluem os seguintes.

1. Os valores de pico absoluto são somados

2. Raiz quadrada da soma dos quadrados (SRSS)

3. Combinações quadráticas completas (CQC) - Um método que é uma melhoria do SRSS para modos com formas próximas.

Os resultados de uma análise do espetro de resposta utilizando o espetro de resposta de um movimento de solo são normalmente diferentes dos que seriam calculados a partir de uma análise dinâmica linear utilizando diretamente esse movimento de solo, uma vez que a informação de fase se perde no processo de geração do espetro de resposta.

Nos casos em que as estruturas são demasiado irregulares ou demasiado altas e são importantes para uma comunidade na resposta a catástrofes, a abordagem do espetro de resposta já não é adequada e é frequentemente necessária uma análise mais complexa, como a análise estática não linear ou a análise dinâmica.

3.4 ANÁLISE DO HISTORIAL TEMPORAL

O método do historial temporal é utilizado quando é necessária a resposta completa do historial temporal durante o movimento do solo de interesse. Neste método, a resposta dinâmica da estrutura é calculada em cada incremento de tempo sob um movimento específico do solo. A estrutura é primeiro modelada tendo em conta a rigidez, a distribuição de massas e outros factores. Em seguida, é sujeita a pares de componentes do histórico de movimentos do solo que são compatíveis com os espectros de projeto especificados nos códigos de construção. Normalmente, é necessário realizar uma análise do histórico de tempo para um conjunto de registos de movimentos de terra que representem magnitudes, distâncias de falha e mecanismos de origem que sejam consistentes com os dos sismos de projeto utilizados para gerar os espectros de resposta de projeto. Isto é feito através de movimentos de terra previamente registados, escalados para corresponder ao espetro de resposta de projeto, ou através da utilização de registos gerados artificialmente com propriedades semelhantes. Dependendo do número de registos de movimentos de terra considerados, é utilizado no projeto o máximo ou a média de cada parâmetro de projeto obtido a partir de diferentes análises.

CAPÍTULO 4

METODOLOGIA

4.1 Método do espetro de resposta

Etapa 1: Determinação dos valores próprios e dos vectores próprios

As matrizes de massa e rigidez em cada nível de piso são calculadas em unidades S.I. e depois modeladas na forma de matriz como

$$M = \begin{bmatrix} M_1 & 0 & 0 & 0 \\ 0 & M_2 & 0 & 0 \\ 0 & 0 & M_3 & 0 \\ 0 & 0 & 0 & M_4 \end{bmatrix}$$

$$K = \begin{bmatrix} k_1+k_2 & -k_2 & 0 & 0 \\ -k_2 & k_2+k_3 & -k_3 & 0 \\ 0 & -k_3 & k_3+k_4 & -k_4 \\ 0 & 0 & -k_4 & k_4 \end{bmatrix}$$

Rigidez do pilar do piso,

$$k = \frac{12EI_c}{L^3}$$

A rigidez do enchimento é determinada através da modelação do enchimento como uma escora diagonal equivalente

$$\alpha_h = \frac{\pi}{2} \left[\frac{E_f I_c h}{2E_m t \sin 2\theta} \right]^{\frac{1}{4}}$$

$$\alpha_l = \pi \left[\frac{E_f I_b l}{E_m t \sin 2\theta} \right]^{\frac{1}{4}}$$

Largura da escora

$$W = \frac{1}{2} x \sqrt{\alpha_h^2 + \alpha_l^2}$$

Onde

E_f = módulo de Young do betão

E_m = módulo de Young do enchimento de alvenaria

h = Altura do muro de enchimento

l = comprimento da parede

t = Espessura da parede

I_c =Momento de inércia dos pilares

I_b =Momento de inércia da viga

A=área da secção transversal da rigidez diagonal

l_d =Comprimento diagonal da escora $= \sqrt{h^2 + l^2}$

Por conseguinte, a rigidez do enchimento é

$$k_d = \frac{AE_m}{l_d}\cos^2\theta$$

Tomando $k/m = \omega_n^{\ 2}$

$$|K - \omega^2 M| = \begin{bmatrix} 2K - \omega^2 m & -k_2 & 0 & 0 \\ -k_2 & 2K - \omega^2 m & -k_3 & 0 \\ 0 & -k_3 & 2K - \omega^2 m & -k_4 \\ 0 & 0 & -k_4 & k - \omega^2 0.575m \end{bmatrix} = 0$$

A solução para a equação acima é dada como

Eigen values

$$[\omega^2] = \begin{bmatrix} \omega_1^2 & 0 & 0 & 0 \\ 0 & \omega_2^2 & 0 & 0 \\ 0 & 0 & \omega_3^2 & 0 \\ 0 & 0 & 0 & \omega_4^2 \end{bmatrix}$$

Eigen vectors

$$[\Phi] = [\Phi_1\ \Phi_2\ \Phi_3\ \Phi_4] = \begin{bmatrix} \Phi_{11} & \Phi_{12} & \Phi_{13} & \Phi_{14} \\ \Phi_{21} & \Phi_{22} & \Phi_{23} & \Phi_{24} \\ \Phi_{31} & \Phi_{32} & \Phi_{33} & \Phi_{34} \\ \Phi_{41} & \Phi_{42} & \Phi_{43} & \Phi_{44} \end{bmatrix}$$

Frequência natural em vários modos

$$[\omega] = \begin{bmatrix} \omega_1 & 0 & 0 & 0 \\ 0 & \omega_2 & 0 & 0 \\ 0 & 0 & \omega_3 & 0 \\ 0 & 0 & 0 & \omega_4 \end{bmatrix}$$

Período natural

$$[T] = \begin{bmatrix} T_1 & 0 & 0 & 0 \\ 0 & T_2 & 0 & 0 \\ 0 & 0 & T_3 & 0 \\ 0 & 0 & 0 & T_4 \end{bmatrix}$$

Etapa 2: Determinação do fator de participação modal

$$\{P\} = \frac{\sum_{i=1}^{4} W_i \Phi_{ik}}{\sum_{i=1}^{4} W_i (\Phi_{ik})^2}$$

[De is 1893 (parte 1): 2002 cláusula 7.8.4.5]

Etapa 3: Determinação da massa do modelo

Massa modal

$$M_i = \frac{\left[\displaystyle\sum_{i=1}^{4} W_i \Phi_{i1}\right]^2}{g\left[\displaystyle\sum_{i=1}^{4} W_i (\Phi_{i1})^2\right]}$$

[Da IS 1893 (parte 1): 2002 Cláusula 7.8.4.5]

Etapa 4: Determinação da força lateral em cada piso

A força lateral de projeto (Q_{ik}) no piso i no modo k é dada por,

$$Q_{i1} = (A_1\ P_1\ \Phi_{i1}\ W_i)$$

O coeficiente sísmico horizontal de projeto Ah para vários modos é o seguinte

$$A_{h1} = \frac{Z}{2}\frac{I}{R}\frac{S_{a1}}{g}$$

[Da IS 1893(part1):2002 Cláusula 6.4.2]

$\quad$ Z = Fator de zona

$\quad$ I = Fator de importância

$\quad$ R = Fator de redução da resposta

$\quad$ Sa/g = Coeficiente médio de aceleração da resposta

Para sítios rochosos ou de solos duros [De IS 1893 (parte 1): 2002 Cláusula 6.4.5]

$$\frac{S_a}{g} = \begin{cases} 1+15T; & 0.00 \le T \le 0.10 \\ 2.5; & 0.10 \le T \le 0.40 \\ 1.00/T; & 0.40 \le T \le 4.0 \end{cases}$$

Para solos médios

$$\frac{S_a}{g} = \begin{cases} 1+15T; & 0.00 \le T \le 0.10 \\ 2.5; & 0.10 \le T \le 0.55 \\ 1.36/T; & 0.55 \le T \le 4.0 \end{cases}$$

Para solos moles

$$\frac{S_a}{g} = \begin{cases} 1+15T; & 0.00 \le T \le 0.10 \\ 2.5; & 0.10 \le T \le 0.67 \\ 1.67/T; & 0.67 \le T \le 4.0 \end{cases}$$

Etapa 5: Determinação do corte do piso em cada modo

A força de cisalhamento de pico será obtida por

$$V_{ik} = \sum_{j=i+1}^{n} Q_{ik}$$

[Da IS 1893 (parte 1): 2002 Cláusula 7.8.4.5]

Passo 6: Determinação da força de corte do piso devido a todos os modos

O pico da força de corte do piso (V_i) no piso i devido a todos os modos considerados é obtido combinando os devidos a cada modo de acordo com os métodos de combinação modal SRSS (raiz quadrada da soma dos quadrados) ou CQC (combinação quadrática completa).

A. Soma dos valores absolutos máximos (AYS)

$$V_i = \sum_{k=1}^{n} |v_{ik}|$$

[Da IS 1893 (parte 1): 2002 Cláusula 7.8.4.5]

B. Raiz quadrada da soma dos quadrados (SRSS)

Se o edifício não tiver modos estreitamente espaçados, a quantidade de resposta de pico (λ) devida a todos os modos considerados deve ser obtida como

$$\lambda = \sqrt{\sum_{k=1}^{r} (\lambda_k)^2}$$

[Da IS 1893 (parte 1): 2002 Cláusula 7.8.4.4]

Onde

λ_k = Valor absoluto da quantidade no modo "k", e r é o número de modos considerados.

C. Combinação quadrática completa (CQC)

$$\lambda = \sqrt{\sum_{i=1}^{r} \sum_{j=1}^{r} \lambda_i \rho_{ij} \lambda_j}$$

[Da IS 1893(part1):2002 Cláusula 7.8.4.4]

$$\rho_{ij} = \frac{8\zeta^2 (1+\beta_{ij})\beta^{1.5}}{(1-\beta_{ij})^2 + 4\zeta^2 \beta_{ij}(1+\beta_{ij})^2}$$

Onde

r = Número de modos que estão a ser considerados

ρ_{ij} = Coeficiente modal transversal

λ_i = Quantidade de resposta no modo i (incluindo o sinal)

λ_j = Quantidade de resposta no modo j (incluindo o sinal)

ζ = Razão de amortecimento modal (em fração)

β_{ij} = Rácio de frequência ω_j / ω_i

ω_i = Frequência circular no modo i^{th} , e ω_j = Frequência circular no modo j^{th} .

Etapa 7: Determinação das forças laterais em cada piso

As forças laterais de projeto F_{rO} de e Fi, na cobertura e no piso i^{th} , são calculadas como,

$$F_{roof} = V_{roof}, \text{ e } F_i = V_i - V_{i+1}$$

Passo 8: Cálculo do momento devido às forças laterais de projeto

$$M = \sum_{i=1}^{n} F_i h_i$$

CAPÍTULO 5
OBJECTIVO E ÂMBITO DE APLICAÇÃO

Tendo em conta a resposta estrutural aos sismos, normalmente as estruturas respondem vigorosamente quando o período natural da estrutura coincide com o período de propagação das ondas sísmicas. Este fenómeno é conhecido por ressonância. No estado de ressonância, as respostas estruturais são amplificadas e podem estar sujeitas a falhas estruturais. No caso de estruturas altas com períodos de vibração mais elevados, os sismos de baixa frequência causam mais danos do que os movimentos de terra de alta frequência, enquanto que, para edifícios baixos, os sismos de alta frequência podem ser mais desastrosos do que os sismos de baixa frequência.

Como a propagação de ondas de superfície ou ondas de cisalhamento, que são mais preocupantes para os engenheiros estruturais, depende do meio material (ou seja, condições do subestrato), porque as frequências de propagação são amplificadas em meio argiloso macio e amortecidas em meio rochoso denso.

Por vezes, os sismos de baixa magnitude têm valores de aceleração de pico do solo (PGA) mais elevados do que os sismos de maior magnitude devido às condições do subsolo.
Por conseguinte, é muito complexo avaliar a resposta sísmica das estruturas. Neste contexto, este projeto avalia o comportamento histórico da resposta de um edifício emoldurado com enchimento a diferentes dados de movimentos de terra de sismos recentes e estuda o comportamento das suas respostas.

Âmbito: uma vez que o dimensionamento de estruturas para respostas máximas aumenta a economia e para respostas mínimas torna a estrutura vulnerável a forças sísmicas, é necessária uma otimização da resposta para o dimensionamento.

O dimensionamento do período de vibração da estrutura é preferível a outras respostas sísmicas para eliminar a ressonância da estrutura, o que suprime as respostas de pico e, por conseguinte, a economia com grande efeito.

CAPÍTULO 6
MODELAÇÃO EM ETABS

6.1 Procedimento passo a passo no ETABS

1. Abrir a aplicação ETABs.

2. Clique em novo modelo e preencha a caixa de diálogo.

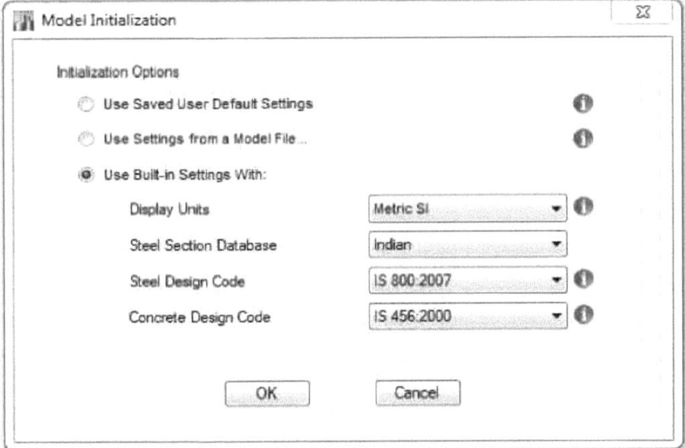

Fig-2 Initilização modal Etabs

3. E selecionar a folha em branco.

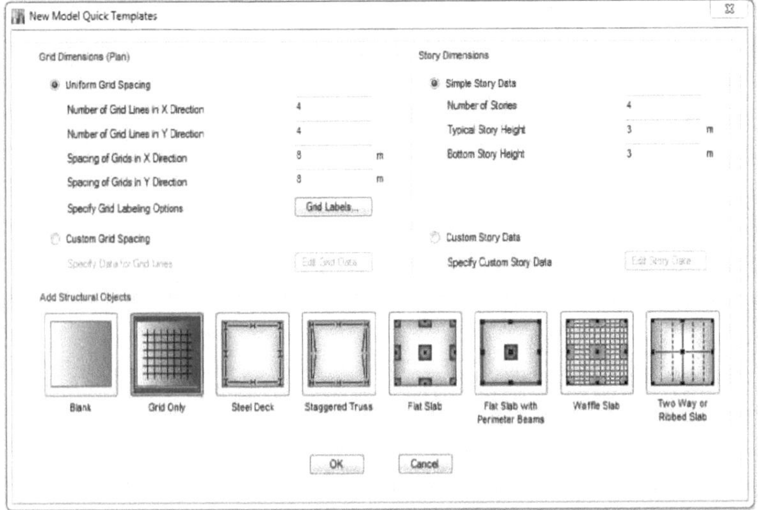

Fig-3 Novo modelo modal

4. desenhar o diagrama do plano com as especificações dadas, as figuras seguintes podem ser actualizadas

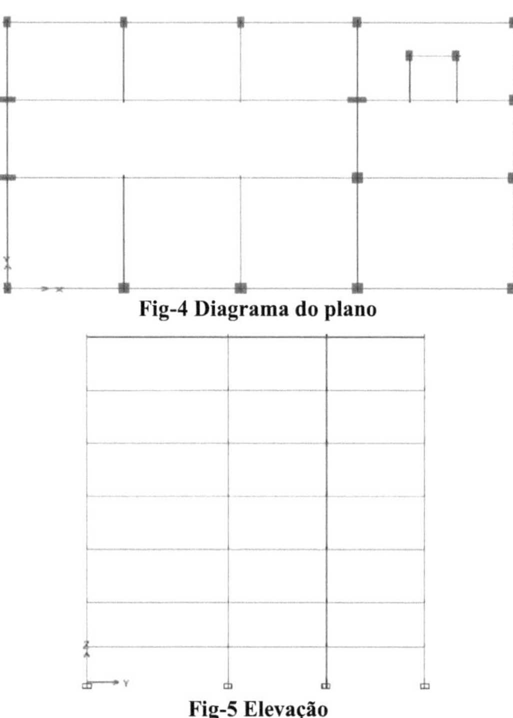

Fig-4 Diagrama do plano

Fig-5 Elevação

6.2 PROPRIEDADES DOS MATERIAIS

A relação tensão-deformação utilizada é a indicada na norma IS 456:2000. As propriedades básicas do material utilizadas são as seguintes

Grau de betão: M-20

Grau de aço: Fe 500

Tabela-1 Propriedades da secção do edifício

PARTICULAR OF ITEMS		SECTION SIZE (mm)
BEAM	TYPE 1	230x570
	TYPE 2	230x600
	TYPE 3	300x600
	TYPE 4	300x700
	TYPE 5	450x600

COLUMN	TYPE 1	300x750
	TYPE 2	400x750
	TYPE 3	450x750
SLAB		150
INTERNAL WALL		120
EXTERNAL WALL		230
PARTITION WALL		120

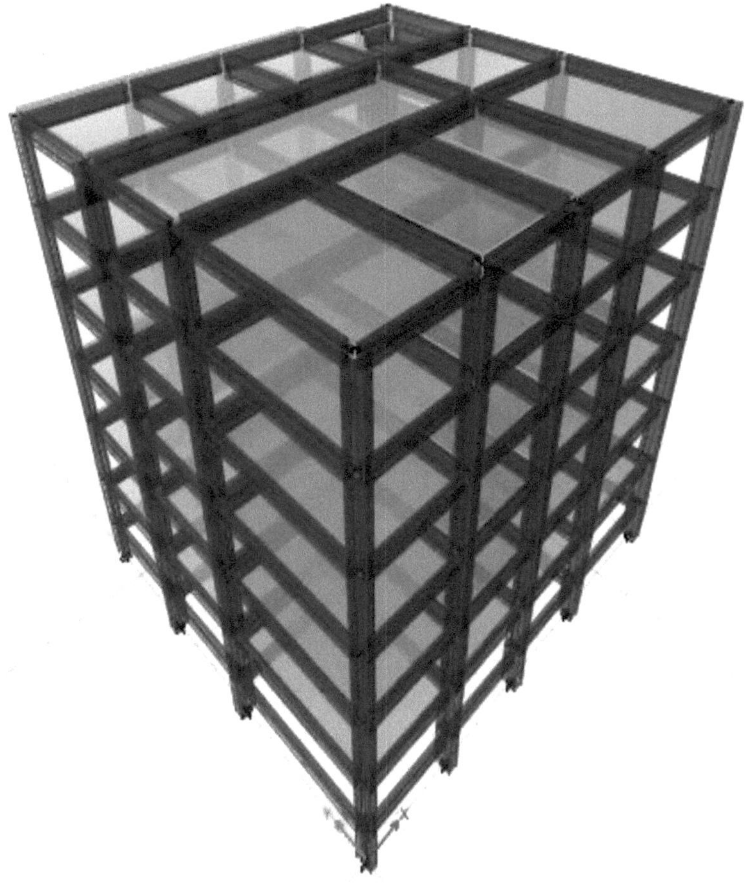

Fig-6 Diagrama 3D

Tabela-2 Detalhes e cálculos da carga

LOAD		DESCRIPTION	LOAD INTENSITY $(kN/M^{2)}$
DEAD	EXTERIOR WALL	19.2x0.23x2.7	11.92
	INTERIOR WALL	19.2x0.12x2.7	6.22
	SLAB	0.15x25x1	3.75
	FLOOR FINISHING	-	1
	PARAPET WALL	19.2x0.12x0.9	2.1
LIVE		-	3.5
STAIR CASE		-	5

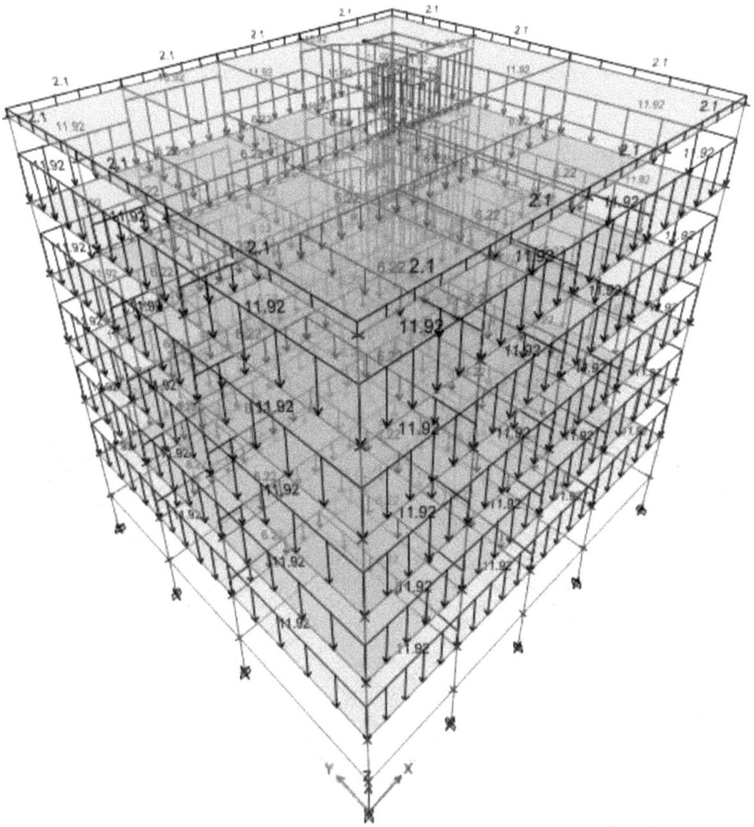

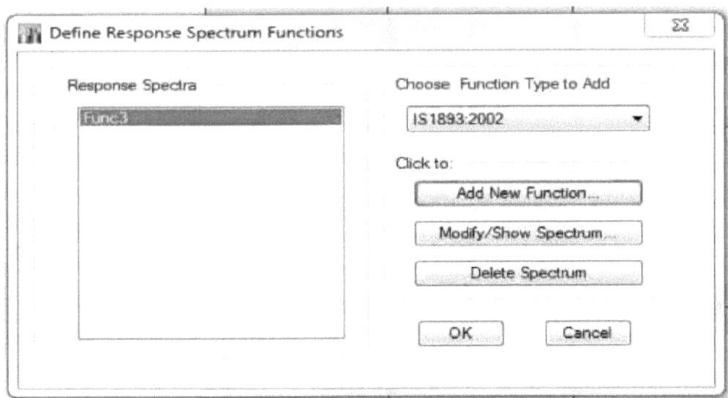

Fig-7 Estrutura com carregamento

5. Após a aplicação da carga, a estrutura terá a forma da figura acima

6. clicar na opção definir e selecionar a opção função e clicar em espetro de resposta, como mostra a figura abaixo

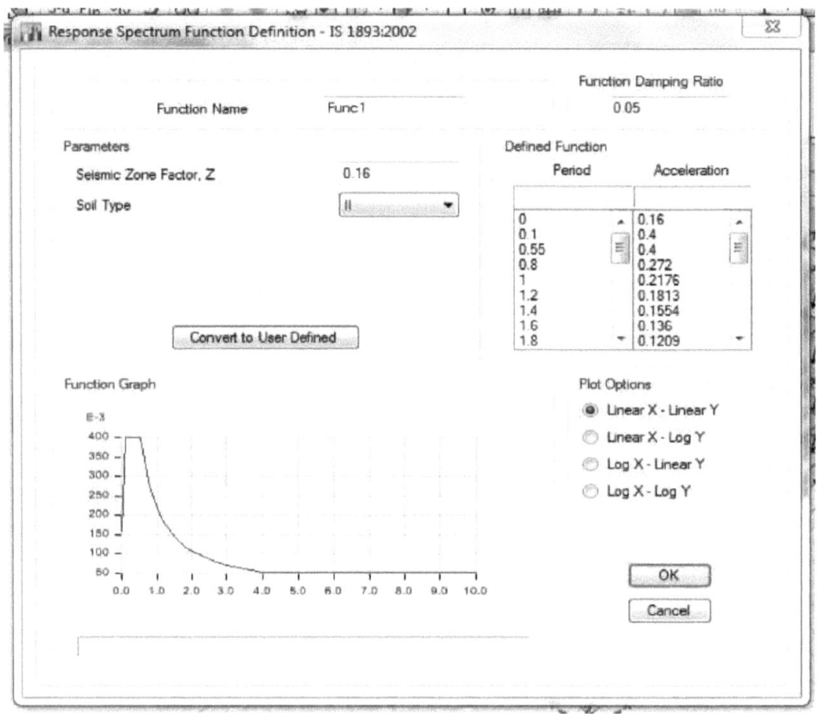

Fig-8 Definição da função do espetro de resposta

7. clicar na opção definir e clicar nos casos de carga e adicionar o novo caso de carga como espetro de resposta

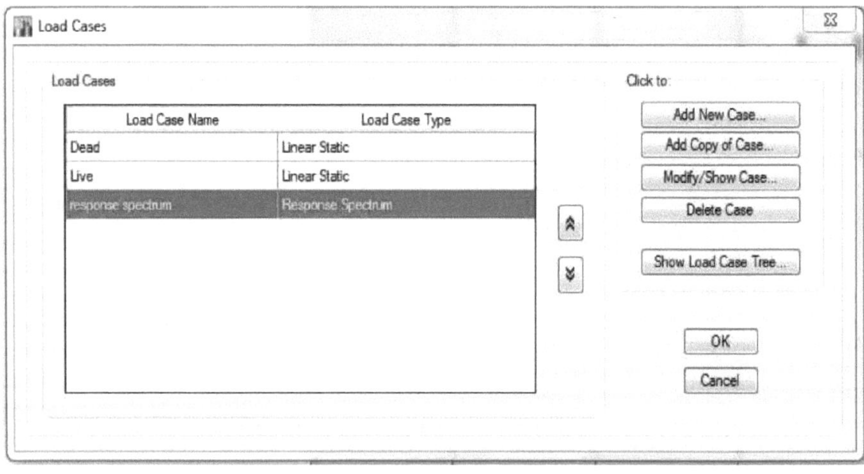

Fig-9 Casos de carga

8.finalmente verificação e análise da estrutura

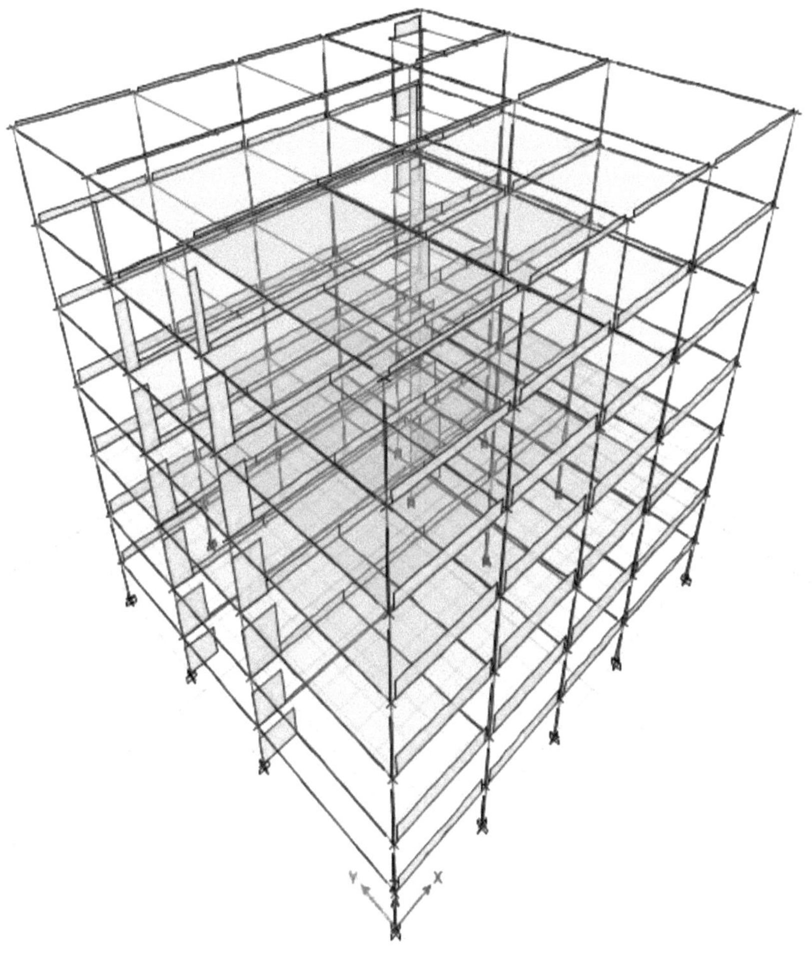

Fig-10 Diagrama da força de corte

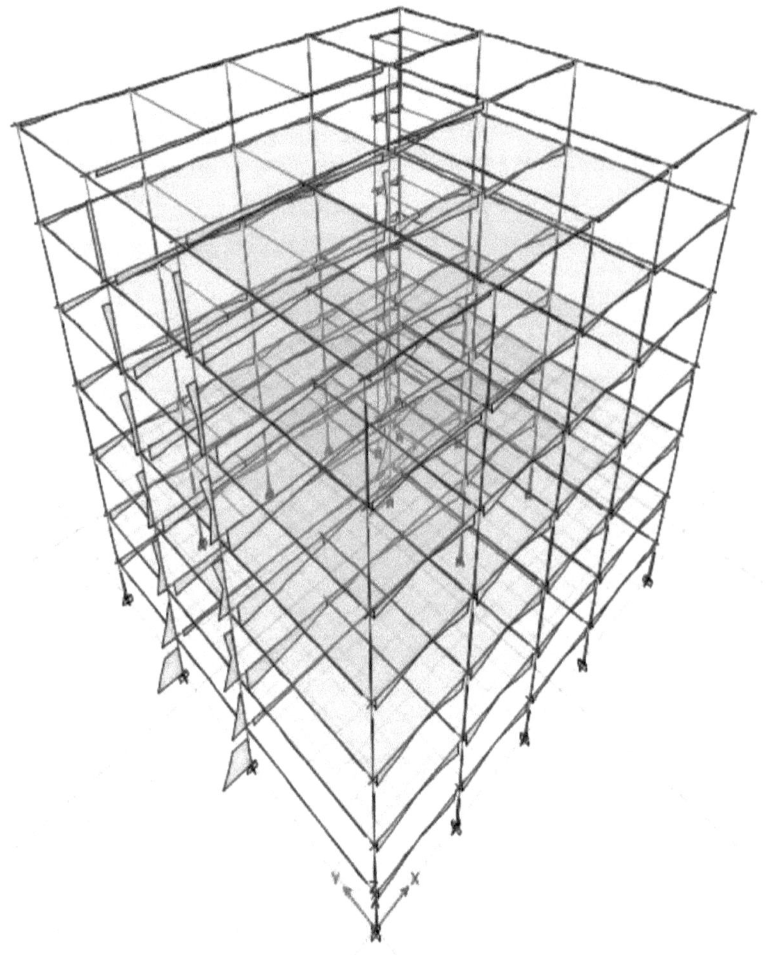

Fig-11 Diagrama do momento fletor

CAPÍTULO 7
ANÁLISE E RESULTADOS

7.1 Modos de vibração do edifício:

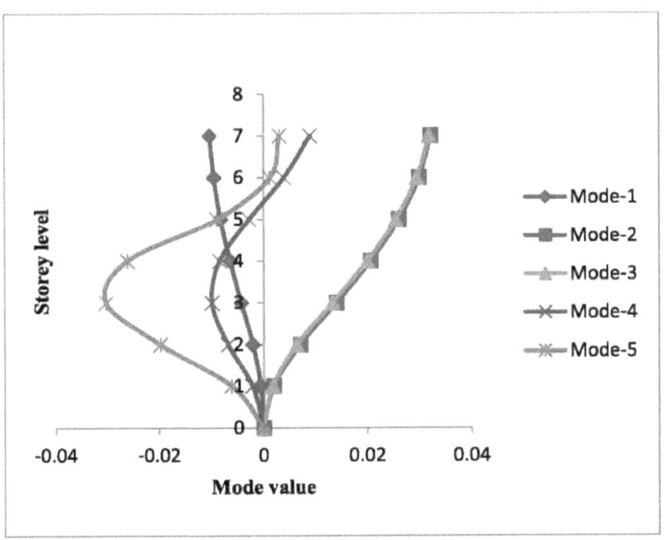

a) Formas próprias na direção x

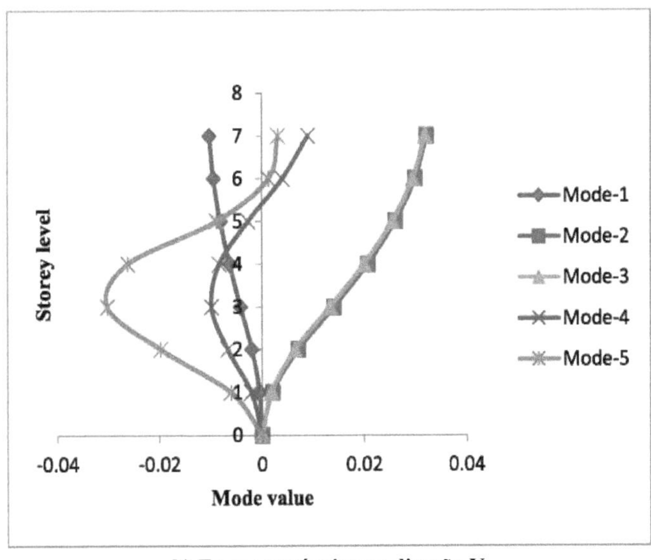

b) Formas próprias na direção Y

Fig-12 modos de vibração do edifício

Quadro 3 - Valores dos modos de vibração do edifício

a) Direção X

Storey Level	Mode 1	Mode 2	Mode 3	Mode 4	Mode 5
Storey 1	-0.0005	0.0020	0.0018	-0.0021	-0.0061
Storey 2	-0.0020	0.0071	0.0064	-0.0067	-0.0197
Storey 3	-0.0042	0.0141	0.0133	-0.0098	-0.0303
Storey 4	-0.0063	0.0207	0.0200	-0.0083	-0.0262
Storey 5	-0.0081	0.0261	0.0255	-0.0027	-0.0088
Storey 6	-0.0094	0.0300	0.0295	0.0040	0.0013
Storey 7	-0.0102	0.0322	0.0319	0.0090	0.0031

b) Direção Y

Storey Level	Mode 1	Mode 2	Mode 3	Mode 4	Mode 5
Storey 1	0.0021	-0.00008	-0.0012	-0.0055	0.0049
Storey 2	0.0081	-0.0003	-0.0046	-0.0191	0.0169
Storey 3	0.0175	-0.0006	-0.0095	-0.0313	0.0275
Storey 4	0.0267	-0.0010	-0.0140	-0.0293	0.0253
Storey 5	0.0346	-0.0014	-0.0175	-0.0126	0.0101
Storey 6	0.0405	-0.0017	-0.0198	0.0112	-0.0112
Storey 7	0.0445	-0.0019	-0.0209	0.0329	-0.0303

7.2 Distribuição do corte de andares para edifícios em cada zona para o tipo de solo I:

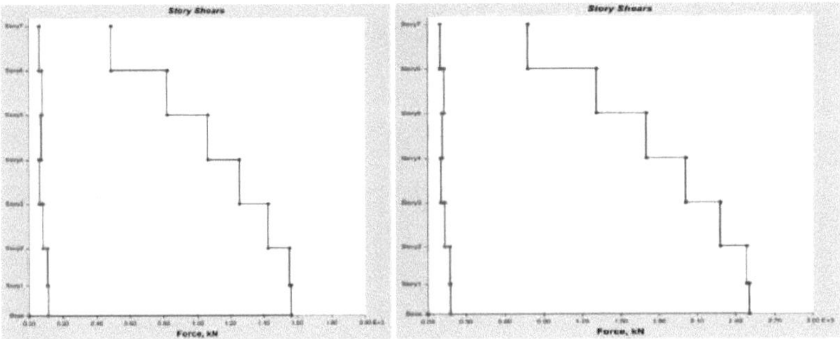

a) Zona-II

b) Zona-Ill

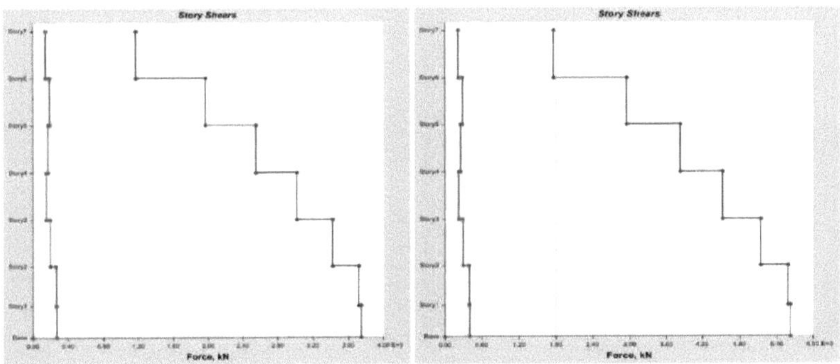

c) Zona-IV

d) Zona-V

Fig-13 Distribuição do corte dos andares do edifício em cada zona para o solo tipo I

Tabela-4 Valores de distribuição do corte de andares para o solo tipo I

Storey level	Zone II		ZONE III		ZONE IV		ZONE V	
	x	Y	x	Y	x	Y	x	Y
7	488.269	61.4715	781.2304	98.3544	1171.845	147.531	1757.768	221.2975
6	821.655	80.8408	1314.648	129.345	1971.972	194.018	2957.957	291.027
5	1064.127	72.1459	1702.6045	115.433	2553.906	173.150	3830.860	259.7253

4	1257.6702	64.0166	2012.2724	102.426	3018.408	153.639	4527.612	230.4597
3	1427.127	84.0643	2283.4044	134.502	3425.106	201.754	5137.65	302.6313
2	1551.540	110.009	2482.4643	176.014	3723.696	264.021	5585.544	396.0328
1	1562.774	112.213	2500.4398	179.541	3750.659	269.312	5625.989	403.9684

Distribuição do corte por piso para edifícios em cada zona para o tipo de solo II:

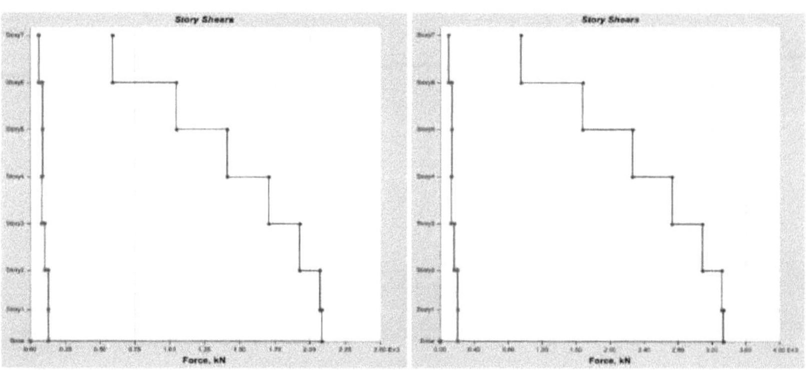

a) Zona-II

b) Zona-Ill

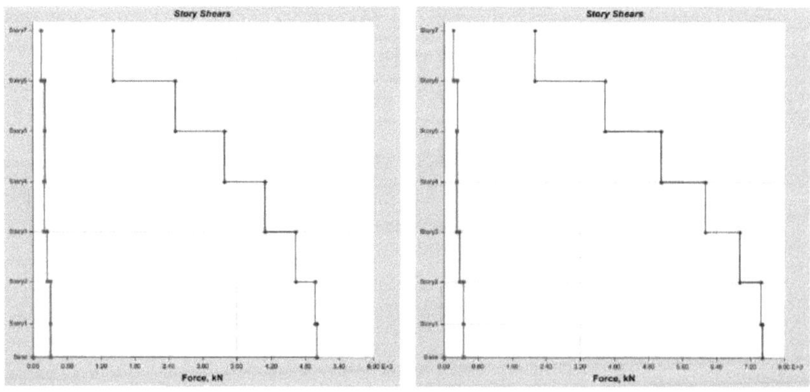

c) Zona-IV

d) Zona-V

Fig-14 Distribuição do corte dos andares do edifício em cada zona para o tipo de solo II

Tabela-5 Valores de distribuição do cisalhamento dos andares para o solo tipo-II

Storey level	Zone II		ZONE III		ZONE IV		ZONE V	
	x	Y	x	Y	x	Y	x	Y
7	594.763	63.8187	951.6207	102.1099	1427.4311	153.1648	2141.1466	229.7472
6	1050.9015	87.1226	1681.4423	139.3962	2522.1635	209.0942	3783.2453	313.6414
5	1413.5228	85.2496	2261.6365	136.3993	3392.4547	204.599	5088.682	306.8985
4	1703.569	84.5836	2725.7105	135.3338	4088.5657	203.0007	6132.8485	304.501
3	1929.5522	104.2591	3087.2835	166.8146	4630.9252	250.2219	6946.3878	375.3329
2	2071.7115	127.569	3314.7384	204.1105	4972.1076	306.1657	7458.1615	459.2486
1	2083.5883	129.5692	3333.7413	207.3108	5000.6119	310.9662	7500.9179	466.4492

Distribuição do corte por piso para edifícios em cada zona para solos do tipo III:

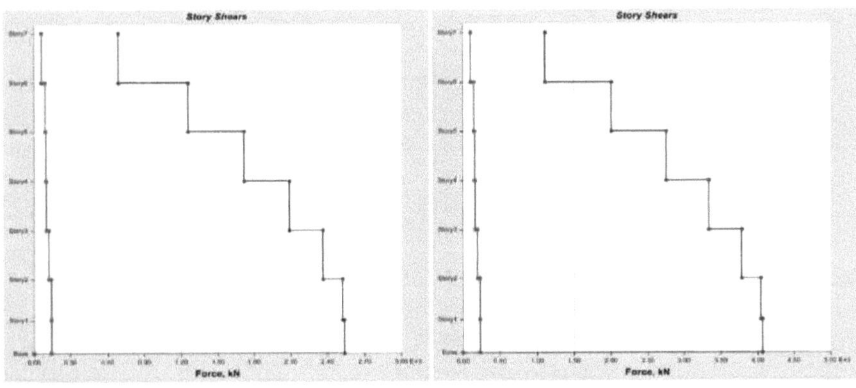

a) Zona-II

b) Zona-III

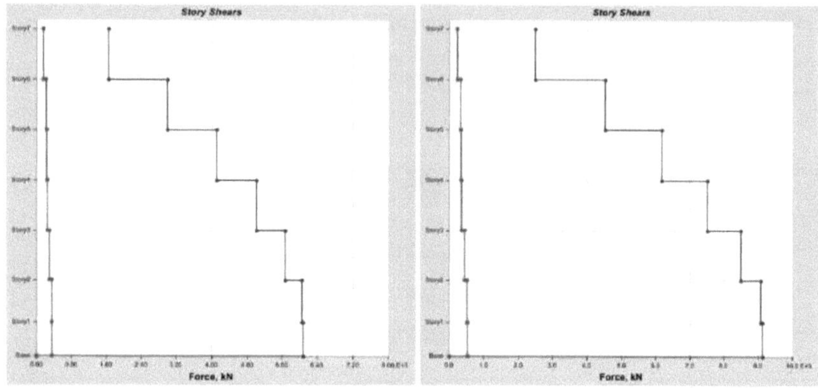

c) Zona-IV

d) Zona-V

Fig-15 Distribuição do corte dos andares do edifício em cada zona para o tipo de solo III

Tabela-6 Valores de distribuição do cisalhamento dos andares para o solo tipo-III

Storey level	Zone-II		Zone-III		Zone-IV		Zone-V	
	X	Y	X	Y	X	Y	X	Y
7	693.8004	66.3171	1110.080	106.1073	1665.1209	159.161	2497.6814	238.7415
6	1256.6983	93.5781	2010.7173	149.725	3016.0759	224.5875	4524.1138	336.8813
5	1719.1569	97.7124	2750.651	156.3399	4125.9765	234.5098	6188.9647	351.7647
4	2088.5739	102.632	3341.7183	164.2112	5012.5774	246.3168	7518.8661	369.4752
3	2363.7681	122.7789	3782.029	196.4462	5673.0434	294.6693	8509.5652	442.004

| 2 | 2524.8648 | 144.5204 | 4039.7836 | 231.2327 | 6059.6754 | 346.849 | 9089.5131 | 520.2736 |
| 1 | 2537.7423 | 146.3815 | 4060.3877 | 234.2103 | 6090.5816 | 351.3155 | 9135.8724 | 526.9733 |

7.3 Distribuição do cisalhamento na base

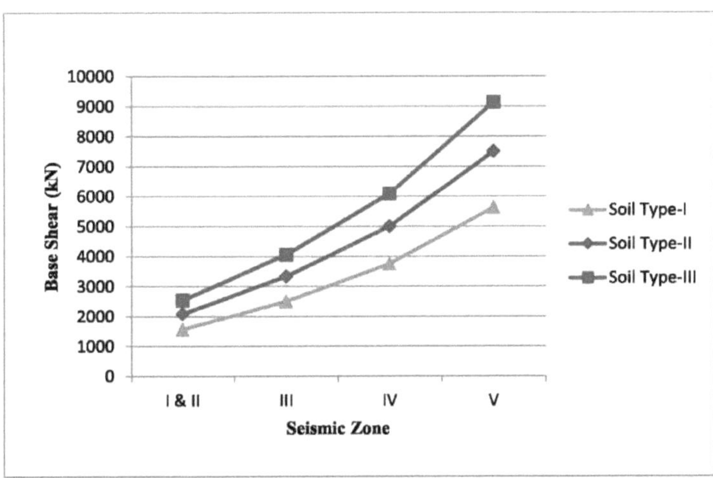

a) Distribuição do cisalhamento na base na direção X

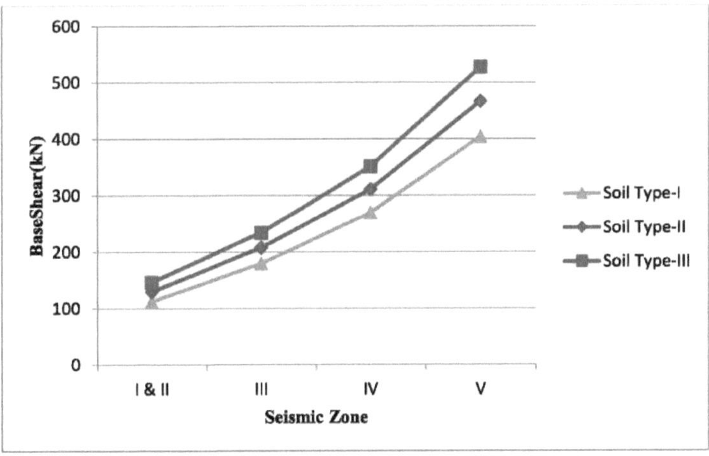

b) Distribuição do cisalhamento de base na direção Y

Fig-16 Distribuição do cisalhamento na base

Tabela-7 Valores de distribuição do cisalhamento de base para diferentes tipos de solo

Soil type	Zone factor (Z)	Base Shear(kN)	
		X	Y
I	II	1562.77	112.21
	III	2500.43	179.54
	IV	3750.65	269.31
	V	5625.98	403.96
II	II	2083.58	129.56
	III	3333.74	207.31
	IV	5000.61	310.966
	V	7500.91	466.44
III	II	2537.74	146.38
	III	4060.38	234.21
	IV	6090.58	351.31
	V	9135.87	526.97

7.4 Variação do deslocamento do telhado

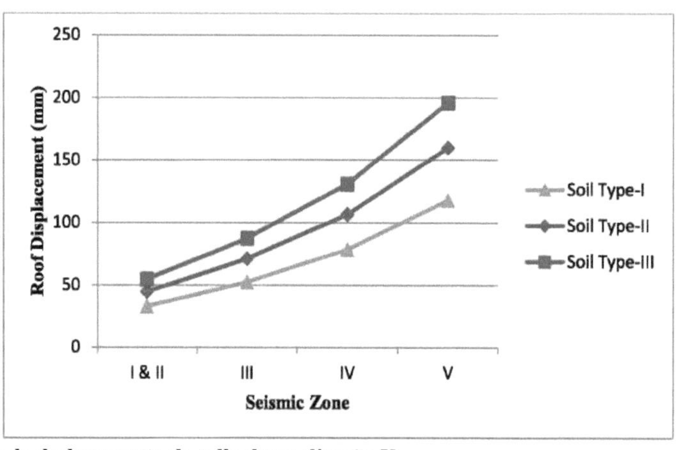

a) Variação do deslocamento do telhado na direção X

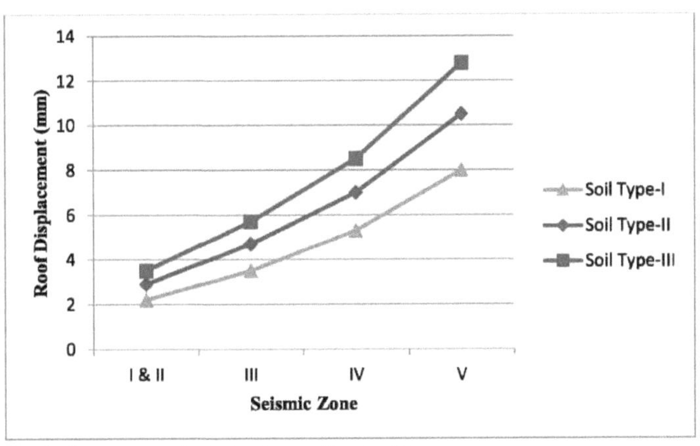

b) Variação do deslocamento do telhado na direção Y

Fig-17 Variação do deslocamento do telhado

Tabela-8 Valores de deslocamento da cobertura para diferentes tipos de solo

Soil type	Zone factor(z)	Roof displacement(mm)	
		X	Y
I	II	32.7	2.2
	III	52.3	3.5
	IV	78.5	5.3
	V	117.7	8
II	II	44.4	2.9
	III	71	4.7
	IV	106.5	7
	V	159.8	10.5
III	II	54.5	3.5
	III	87.2	5.7
	IV	130.8	8.5
	V	196.1	12.8

CAPÍTULO 8
CONCLUSÕES

- A partir da figura 13, observa-se que o deslocamento e o cisalhamento do último andar (telhado) do edifício para uma determinada zona aumentam com o aumento da rigidez do solo (macio-duro)

- A partir da figura 13, observa-se que o deslocamento e o corte do piso superior (telhado) aumentam com o aumento do fator de zona para um determinado tipo de solo

- A partir da figura 12, observa-se que o deslocamento do piso (telhado) e o cisalhamento da base do edifício para uma determinada zona para o tipo de solo III aumentam 66% e 62% quando comparados com o tipo de solo I e são constantes em cada zona.

- A partir da figura 12, observa-se que o deslocamento do andar (telhado) do edifício para uma determinada zona para o tipo de solo I e II é aumentado em 35% e considerado constante em cada zona

- A partir das figuras 9 e 10, observa-se que o cisalhamento de base do edifício para uma determinada zona para o tipo de solo I e II aumenta 33% e se mantém constante em cada zona

- observa-se que os valores do deslocamento da cobertura e do cisalhamento estrutural de base aumentam em 60% na zona III cm relação à zona II. Para um determinado tipo de solo e este incremento é constante (50%) para as zonas seguintes

CAPÍTULO 9
REFERÊNCIAS

- IS 456:2000 "Code of practice for plain and reinforced concrete Bureau of Indian Standards, New Delhi.

- IS 1893 (parti): 2002. "Critérios para a conceção de estruturas resistentes a sismos - Parte: Disposições gerais e edifícios", Bureau of Indian Standards, Nova Deli.

- IS 13920:1993 "Ductile detailing of reinforced concrete structures subjected to seismic forces", Bureau of Indian Standards, New Delhi.

- Pankaj agarwal e Manish shirkhande "Earth quake resistant design of structure".

- T.K Datta "Seismic analysis of structures" (Análise sísmica de estruturas).

- Mohammed Rizwan Sultan e D.Gouse Peera "análise dinâmica do edifício de vários andares para diferentes formas'" International Journal of Innovative Research in Advanced Engineering (IJIRAE) ISSN: 2349-2163 Issue 8, Volume 2 (agosto de 2015).

- Abhay Guleria, "Structural Analysis of a multistoreyed Building using ETABS for different Plan Configurations", International Journal of Engineering Research and Technology (IJERT), ISSN: 2278-0181, Vol. 3 Issue 5, May 2014.

- Mahesh N. Patil, Yogesh N. Sonawane, "Seismic Analysis of Multistoried Building", International Journal on Engineering and Innovative Technology (IJEIT), Volume 4, Issue 9, março de 2015.

- S.Mahesh, B.Panduranga Rao, "Comparação da análise e do projeto de configuração regular e irregular de um edifício de vários andares em várias zonas sísmicas e vários tipos de solos utilizando o ETABS", um Jornal Internacional de Engenharia Mecânica e Civil, Volume 11, Edição 6 Ver. IPP 45-52, Nov-Dez. 2014.

- P.V. Patel (2003), "Dynamic Analysis of Buildings as Per IS 1893", The Journal of Engineering and Technology, 16(4), PP 10-15.

- Dr. S.Suresh Babu (2015) "estudo que realizou análise estática linear e análise dinâmica em edifícios de vários andares com irregularidades de plano" um Jornal Internacional de Engenharia e Tecnologia Inovadora (IJEIT), Volume 3, abril de 2015.

- Md.Kabir, Debasish Sen,(2015) "vulnerabilidade sísmica e resposta de edifícios de vários andares de formas regulares e irregulares com peso idêntico no contexto do Bangladesh "formas'" Jornal Internacional de Investigação Inovadora em Engenharia Avançada (IJIRAE) (agosto de 2015).

- Bahador, Salimi Firoozabad e Mohammadreza "Static and Dynamic Analysis of Multi-Storey Irregular Building & to obtain the displacement of stories by performing different analysis methods of static & dynamic analysis affected due to floating column." an International Journal on Engineering and Innovative Technology (IJEIT), **(2012-11-27).**

- Dr. Savita Maru (2014) "A análise e conceção de edifícios para forças estáticas é um assunto rotineiro nos dias de hoje devido à disponibilidade de computadores acessíveis e programas especializados ' ' International Journal of Innovative Research in Advanced Engineering (IJIRAE).

- Srikanth e V. Ramesh (2013) "estudo comparativo da resposta sísmica para os métodos do coeficiente sísmico e do espetro de resposta".

- Mahesh N. Patil, Yogesh N. Sonawane (2015^ "a resposta sísmica de um edifício simétrico de vários andares é estudada por cálculo manual e com a ajuda do software ETABS 9.7.1" um Jornal Internacional de Engenharia Mecânica e Civil, Volume 9.

- Mohammed yousuf, P.M. shimpale (2013) "dynamic analysis of reinforced concrete building with plan irregularity" (análise dinâmica de um edifício de betão armado com irregularidades na planta), International Journal on Engineering and Innovative Technology (IJEIT).

- A.K Chopra "Dynamic of structures theory and Earthquake Engineering" quarta edição, Prentice Hall, 2012.

- AnirudhGottala, Kintali Sai ,Nanda Kishore and Dr. Shaik Yajdhani "Comparative Study of Static and Dynamic Seismic Analysis of a Multistoried Building" International Journal of Science Technology & Engineering, Volume 2, Issue 01, July 2015.

- B. Srikanth and V.Ramesh "Comparative Study of Seismic Response for Seismic Coefficient and Response Spectrum Methods", International Journal of Engineering Research and Applications,ISSN : 2248-9622, Vol. 3, Issue 5, Sep-Oct 2013, pp.1919-1924.

- Awkar J. C. e Lui E.M, "Seismic analysis and response of multi-storey semi rigid frames", Journal of Engineering Structures, Volume 21, Issue 5, Page no: 425-442, 1997.

- Kulkarni J.G., Kore P. N., S. B. Tanawade, "Analysis of Multi-storey Building Frames Subjected to Gravity and Seismic Loads with Varying Inertia", International Journal of Engineering and Innovative Technology (IJEIT), Volume 2, Issue 10, April 2013.

- Mohammed Rizwan Sultan (2015), 'Dynamic Analysis Of Multi-storey building for different shapes', International Journal of Innovative Research in Advanced Engineering (IJIRAE), Issue 8, Volume 2 (August 2015).

- E.Pavan Kumar,A.Naresh "Análise sísmica de um edifício residencial de vários andares - um estudo de caso" E. Pavan Kumar et al Int. Journal of Engineering Research and Applications ISSN: 2248-9622, Vol. 4, Issue 11 (Versão 1), novembro de 2014.

Printed by Books on Demand GmbH, Norderstedt / Germany